人生漫漫 亦灿灿

非呢 著/绘

人民邮电出版社
北　京

图书在版编目（CIP）数据

人生漫漫亦灿灿 / 非晚著、绘. -- 北京 : 人民邮
电出版社, 2025. -- ISBN 978-7-115-67427-2

Ⅰ. B82-49

中国国家版本馆 CIP 数据核字第 202535CT79 号

◆ 著 / 绘　非　晚
　　责任编辑　朱伊哲
　　责任印制　周昇亮
◆ 人民邮电出版社出版发行　　北京市丰台区成寿寺路 11 号
　　邮编　100164　　电子邮件　315@ptpress.com.cn
　　网址　https://www.ptpress.com.cn
　　鑫艺佳利（天津）印刷有限公司印刷
◆ 开本：889×1194　1/48
　　印张：2.75　　　　　　　　　2025 年 7 月第 1 版
　　字数：68 千字　　　　　　　2025 年 7 月天津第 1 次印刷

定价：29.80 元（附小册子）

读者服务热线：(010)81055296　印装质量热线：(010)81055316
反盗版热线：(010)81055315

目 录

今天很好，
希望明天也是

✦ 100个美好瞬间

迎接清晨的第一缕阳光

当清晨的第一缕阳光洒在窗台上，柔和的光芒瞬间照亮了整个房间。鸟儿开始歌唱，空气也变得分外清新，新的一天就这样开始了！

品尝到地道的家乡美食 ②

一口地道的家乡美食，瞬间唤醒沉睡的味蕾。那熟悉的味道，勾起了你对家乡的深深思念，记忆仿佛被拉回到那个熟悉的小巷……

③ 与家人温馨团聚的瞬间

在欢庆的节日里与家人相聚，一起谈论着生活的点滴，分享彼此的喜悦。

听到孩子们的笑声 4

公园里孩子们天真无邪的笑声，纯净又烂漫，总能让人不自觉地扬起嘴角。

⑤ 收到朋友的关心和问候

在忙碌的生活中，朋友的关心和问候总能让我们感动。要知道，无论身在何处，总有人在乎、关心着你。

来到晨雾中的树林 6

晨雾笼罩着树林，树影朦胧，仿佛仙境一般。不一会儿，阳光透过薄雾照了进来，身上也变得暖洋洋的。

⑦ 听到一首触动心弦的老歌

在喧嚣的大街上，突然听到商店里传来一首老歌，它载着我们
回到那熟悉而又遥远的时光，仿佛在诉说最初的故事。

看到孩子第一次学会走路 8

稚嫩的双脚踏在大地上，孩子跌跌撞撞地向前走去，虽然步伐摇晃，却勇气十足。

9 看到夕阳下手牵手散步的一对爱人

落日的余晖温柔地洒在小径上，一对爱人手牵手散步，他们十指紧扣，用指尖感受彼此的温度。

一部精彩的电影落幕的瞬间 ⑩

银幕渐暗，灯光亮起，画面和字幕逐渐淡去，我们开始从"梦境"中醒来，重新回到现实，也对人生有了不一样的感悟。

11 看到湖边的倒影

宁静的湖面如同一面明镜，倒映出蓝天、白云和远山，虚实相映，顿时为周围的一切增添了一份缥缈的美感。

风筝起飞的瞬间 12

在春天的草地上，孩子们拉着风筝线奔跑，风筝乘风而起，飞向云端，为蓝天白云增添了几分色彩。

⑬ 看到老人们在合影

街角，几位老人正在拍照留念，他们脸上的微笑和眼中的光芒仿佛在诉说岁月的美好。

看到微风中飘散的蒲公英 14

在碧绿的原野中，微风轻轻吹拂着蒲公英，你看着它的种子自由地随风飘散，飞向不同的远方……

15 收到意想不到的礼物

在一个不经意的瞬间，收到了一份意外的礼物，可能是一束鲜花、一本好书或者一个小小的手工艺品……对方的心意虽然无声，却胜过千言万语。

在夏日感到一丝凉风 16

夏日午后的凉风拂面而过，清爽的凉意驱散了酷热，瞬间让人心旷神怡。

与老友重逢

两个久别的朋友在人海中相遇，彼此的面孔虽已有了岁月的痕迹，却依旧感觉那么亲切。

冲过马拉松终点线的瞬间 **18**

在马拉松的赛场上，人们无数次突破自我极限。终于，你冲过了终点线，那一刻，所有的坚持都有了意义。

⑲ 看孩子们玩游戏

孩子们在草地上尽情地玩耍，整个空间充满了欢声笑语，这种无忧无虑的时光真是令人怀念。

看到阳光透过树叶 20

树叶间洒下点点金光，微风拂过，斑驳的光影在地上跳动，呈现出一片梦幻般的景象。

21 踏入温泉池

身体被蒸汽环绕，皮肤被水流温柔地包裹，你在柔和的灯光下完全放空自己，一切疲惫和烦恼都消失不见。

在沙滩上留下脚印 22

海边散步时，在沙滩上留下一串串脚印，看着它随着浪花的拍
打一点点变淡，直至消失。

23 欣赏飞舞的落叶

秋风吹过，金黄的落叶纷纷扬扬地从枝头飘落，它们在空中旋转、翻飞，就像大自然的舞者在跳一场无声的芭蕾。

参加毕业典礼 24

校园的钟声在晴空下响起，学生们身着学士服，头戴学士帽，共同走向明亮的礼堂。

25 与好友一起露营

夜幕降临，与好友一起在野外搭起帐篷，并排躺在柔软的垫子上，看着天空由淡蓝转为深邃的黑，星星一颗接一颗地闪烁。

与家人一起烹饪 28

与家人一起下厨，一边切菜、炒菜，一边聊天，空气中满是饭菜的香味和家的温暖。

27 与家人一起看星空

在一个繁星点点、银河如带的夜晚，与家人一同来到一片开阔的草地或一座山顶，仰望星空，看星星。

围着燃烧的篝火聊天 28

夜晚的露营地，篝火熊熊燃烧，火光映照在每个人的脸上，温暖又惬意，伴随着木柴噼里啪啦的声音，大家喝着茶、唱着曲儿，随意交谈着……

29 在海边骑行

阳光洒在海面上，海浪轻拍着沙滩……趁着微风，骑着自行车，沿着海岸线缓缓前行，车轮发出轻盈而有节奏的声响。

买到一件自己喜爱的衣服 30

在商店琳琅满目的货架上，发现一件令自己心动的衣物，它的
颜色、裁剪、设计，无一不打动自己。把它买到手的那一刻，
别提多幸福了。

(31) 看到萎靡的花重新焕发生机

曾经失去活力的花朵，在你的细心照料下缓缓挺直了腰肢，重新长出了花苞，她的生命也从枯萎走向了复苏。

看到满天繁星 32

在一个宁静的夜晚，当世界陷入沉睡，天空布满了星星。抬头仰望，无数闪烁的光点落入眼中，仿佛穿越了时空只为此刻的相遇。

33 听雨打芭蕉的声音

雨水洒落在庭院中的芭蕉树上。"嘀嗒"，"嘀嗒"，一声又一声，那是天地间最动听的旋律。

雪天围炉煮茶 **34**

下雪天，一家人围坐在火炉旁，壶中的水逐渐沸腾，茶香也随着缓缓升腾的水蒸气慢慢飘散开来。

35 早上煎了一颗双黄蛋

在清晨，幸运地挑到一颗双黄蛋，将它打入平底锅中慢慢煎熟，然后"啊唔"吃掉它！

吃一口浓郁的酸奶 36

打开盖子，里面满是浓厚香醇的酸奶，一口下去，味蕾瞬间被绵密的奶香唤醒。

37 吃自己亲手做的蛋糕

丝滑的奶油，搭配柔软的蛋糕坯。切下一小块，放进嘴里，口感绵软，满是幸福。

换上舒服的睡衣 38

睡衣有种神奇的力量，它柔软、宽松，让你穿上后感觉特别自在。你可以放松下来，尽情享受惬意的闲暇时光。

(39) 新买的炒锅超级好用

给家里的厨房添了新伙伴，它既能用来煎饼，又能拿来炒菜。
每次用它总是顺手又方便，做饭的心情都好了起来。

听到小猫发出的咕噜声 40

在一个安静的午后，抱一抱小猫，摸摸它毛茸茸的小脑袋，听它舒服地发出咕噜咕噜的声音，此刻，整个世界都变得柔软起来。

41 用手指在满是水汽的窗户上画个笑脸

窗外寒风凛冽，屋内温暖湿润。你看着布满水汽的玻璃，不自觉地抬起手指，简单几笔，勾画出一张熟悉的笑脸，谁说长大了就不能发现童趣呢？

睡在新床单上 42

铺上一张新的床单，它让整张床变得更加温馨和舒适，睡在上面连做梦都是甜的。

43 睡到自然醒

在没有闹钟催促的早晨，身体和心灵都沉浸在深深的宁静中，
直到和煦的阳光轻柔地唤醒你。

过马路时绿灯刚好亮起 44

站在人行道上，绿灯刚好亮起，既不用等待，也不用匆忙地奔跑，一切都是那么的恰到好处。

45 在黄昏看到归巢的鸟

傍晚时分，成群的鸟儿归巢，它们轻巧的翅膀，在空中留下一道道温柔的弧线。

路上遇到有趣的人 46

一次简单的旅行让你结交到了有趣的朋友。你们虽然来自五湖四海，但就像久别重逢的老友。听着对方从容地分享着旅行中的趣事，漫长的路途不再单调。

47 去游乐场不用排队

走进游乐场，没有长长的队伍阻挡你的步伐。你可以按照自己的节奏，随心所欲地选择下一个要去的地方，尽情享受每一个项目。

手机电量满格 **48**

当看到手机电量达到100%时，心里总会特别踏实，即使自己临时要出门，也可以说走就走。

49 网购的东西秒发货

一个小小的包裹，在你完成支付的那一刻便马不停蹄，争分夺秒地向你奔赴而来，此刻，网络的意义瞬间就具象化了。

赶在下雨前把东西收进屋

在天空乌云密布之时，迅速将晾晒的衣服一件件收起，将植物一盆盆搬回屋，一切收拾妥当，窗外传来淅淅沥沥的雨声，时间刚刚好！

51 熬好果酱的瞬间

在洒满阳光的厨房里，用新鲜水果慢慢熬制果酱，熬制的过程
中，甜蜜的果香弥漫了整个空间。

织围巾的最后一针

拿着毛线和针，在静谧的午后编织一条柔软的围巾。随着最后一针落下，这个寒冬又增添了一份温情。

53 漫步古街

漫步于古老的石板路上，细细品味每一座古建筑的历史痕迹，这一刻，仿佛穿越时光回到过去。

星空下的晚餐 54

和家人在星空下的小院里吃晚餐，凉爽的夏夜里，既有炭火烤肉的香气，又有家人的欢声笑语。

55 制成一件陶器

在陶艺课上，双手触摸陶土，看着手中的陶土在一次次的旋转和按压下逐渐成形……一件独一无二的作品就诞生啦！

看到果实缀满枝头 56

探访乡间农场，看到一个个果实沉甸甸地缀满枝头，一眼瞧上去就觉得喜气洋洋，联想到即将迎来大丰收，收获的喜悦瞬间盈满心间。

57 在冰面上自由滑行

在冰面上轻盈滑行，身体放松，大脑放空，感受冰雪世界的纯净，享受自由滑行的快感。

完成家务清洁的最后一瞬间 58

清洁完家中的最后一个角落，看到整个生活空间焕然一新，这一刻，连空气都变得格外清新。

59 做好植物标本的瞬间

采集各种叶片和花朵，精心制作植物标本，留存大自然的美好
瞬间。

调制好一瓶香水 60

在静谧的房间里，把不同的香料混合在一起，空气中逐渐释放出层次丰富的香气，触动着自己的每一个感官。

61 成功制作一块手工皂

将天然油脂轻轻搅动融化，皂基凝固成独特的形状，这块亲手
制作的香氛手工皂就完成了，用它洗过的手和衣服仿佛都散发
着一股自然的香气。

健身后的满足感 62

来一次酣畅淋漓的健身吧！虽然疲惫，但内心充满了满足和成就感，这是健康和活力的最佳体验。

63 陌生人给予的微笑

在拥挤的城市街头，偶然间与一个陌生人的目光相遇，他那不经意的微笑，却传递出人与人之间那份简单而纯粹的善意。

早晨喝的第一口咖啡 64

早晨喝一口热气腾腾的咖啡，那股浓郁的香气和味道能带来一天的舒心和活力。

65 去一趟早市

早晨，穿梭在熙熙攘攘的集市，听着摊主们热情的招呼声，看着顾客满载而归的笑脸，平凡的场景在和煦阳光的照耀下显得无比温暖美好。

在街头听到卖艺人弹奏的旋律 66
卖艺人的吉他声在巷子里回荡，没有华丽的舞台和灯光，只有动人的旋律和真挚的演唱，却不禁让人驻足。

67 看到初雪时的惊喜

冬天的第一场雪悄然而至，随着每一片雪花轻盈地落下，松柏被白雪覆盖，小径被白雪掩埋，整个天地变得纯净而洁白。

漫步于花海 68

春天，漫步在无边的花海里，看色彩斑斓的花朵交相辉映，每一朵花都以它独特的色彩和姿态展现着生命的活力。

69 田野上的风车在转动

金色的麦田里，一排排风车正在缓慢转动，它们的每一次旋转都伴随着风的节奏，呼啦啦……呼啦啦……一圈又一圈，此刻，开阔的田野安宁又和谐。

观赏蝴蝶飞舞 70

在阳光明媚的花园里，静静地观赏蝴蝶翩翩起舞，看它们轻盈的身姿在花间穿梭，翅膀上的色彩随着光线的变化而闪烁。

71 老人在晨练

在清晨的公园里，看到一群老人在晨练，有的打太极，有的抽陀螺，个个都精神矍铄，神采奕奕，展现出老当益壮的风采。

聆听风铃的声音 72

制作一串风铃，将它挂在窗前，聆听每一次微风吹过时，风铃
发出的清脆声音。

73 摘水果

去果园亲手摘一篮新鲜的水果，青涩的红苹果、黄澄澄的梨和晶莹剔透的葡萄，果园里弥漫着水果的香甜气息。

发现春雨后的彩虹 74

一场春雨过后，彩虹在天空中悄然出现，它横跨天际，七彩的光芒带来无限的惊喜和浪漫。

75 追逐萤火虫

在夏夜静谧的花园中，你追逐着微光闪烁的萤火虫，这一刻，
仿佛置身于童话世界的奇妙幻境。

在森林中漫步 76

在郁郁葱葱的森林间漫步，从一呼一吸间感受草木特有的气息，伴随鸟雀的啼鸣，享受大自然给予的祥和与安宁。

77 堆好一个沙堡

在沙滩上，吹着湿润的海风，用沙子一点一点建起记忆中的城堡，仿佛重新回到了无忧无虑的童年。

蹚入山间的小溪 78

山间的小溪潺潺流淌，穿着拖鞋，缓缓蹚入这清澈的溪流中需保证安全，感受水的清柔。

79 给小鸟喂食

在公园里给可爱的小鸟喂食，它们蹦蹦跳跳、低头啄食的模样，真是可爱极了。

吹出一个个彩色泡泡 80

吹出一个个泡泡，看它们在阳光照耀下任意飘扬，变换不同的色彩。

81 看到绚烂的烟花在夜空中绽放

夜空中突然绽放的烟花，它那五彩斑斓的光芒瞬间照亮了整个天空。伴随着人们的惊叹和欢呼，烟花一次次升起绽放，在夜空中留下一道道亮丽的轨迹。

看到昙花绽放的瞬间 82

在一个宁静的夏夜，月光下的昙花悄然绽放，它的花瓣一片片
向外伸展，逐渐显露出了花蕊，有种惊人的美丽。

83 踩在黄叶覆盖的小径上

秋天，黄叶落满小径，行人从一旁匆匆走过，脚下传来"窸窣"的脆响声，这应该是秋天的独奏。

吃到一口冰激凌 84

在炎热的夏天，挖一大勺草莓味冰激凌，入口这一瞬间，便是甜蜜与凉爽的美妙结合。

85 树荫下听到蝉鸣

夏日的午后，躺在树荫下，耳边传来一阵蝉鸣，那大自然的声音与微风一起带来无限的惬意。

完成一个火漆印 86

安静地坐在工作台前，精心制作一枚属于自己的独特的火漆印，这种成就感无可替代。

87 在山顶看到日出

成功爬到山顶，呼吸一口清新的空气，短暂等待后，看着太阳渐渐升起，将金色的光芒重新洒向大地，山野也从晨光中苏醒。

做个好梦后醒来 88

一个宁静的早晨，你做了一个甜美的好梦，醒来后，阳光轻柔地洒在窗边，屋外的鲜花也都悄然绽放，一切都是那么平静美好。

89 看到美丽的夕阳

傍晚时分，夕阳的余晖洒在地平线上，天空被染成橙红色，余晖晕染了天边的流云，大地也披上了一层金衣。

看摇曳的烛光 90

夜晚，点燃一支烛火，暖黄色的光芒将四周照耀得格外柔和，仿佛镀了层金光。微风轻轻拂过，烛火微微摇曳，四周的影子也跟着摇摆起来，画面美好又温馨。

91 看到孩童正在画画

孩子们稚嫩的手指拿着彩色蜡笔，在画纸上画出一个个五彩斑斓的世界，每一幅都充满了无尽的生机和童趣。

猫咪扑向毛线球 92

阳台上的猫咪专注地扑向一颗滚动的毛线球，它先用爪子敏捷地抓住毛线，然后迅速用嘴巴咬住，紧接着兴奋地在地上翻滚和拉扯，这个小生命在此刻一定非常满足。

93 老爷爷为老伴系鞋带

在道路旁，满头白发的老爷爷佝偻着腰为老伴系上鞋带，在花甲的年纪诠释着爱情最美好的模样。

书页上的斑驳阳光 94

阳光透过窗户洒在书页上，斑驳的光影如同时光的碎片，在那一刻静静流淌。

095 喜欢的便利店没有打烊

在夜里行走，看到路边自己喜欢的便利店仍然亮着灯，它的存在瞬间驱散了深夜的孤寂，如同老朋友般传递给自己一份安全感。

闻到春雨后泥土的清香 96

下过春雨后，泥土散发出淡淡的清香，那大自然独特的芬芳，
仿佛带着万物复苏的生机，沁人心脾。

97 初冬的薄霜

在一个初冬的清晨，迎着凛冽的寒风来到户外，看到世界被一层薄薄的霜覆盖，屋顶、草地、树叶，都披上了洁白的霜衣。薄霜晶莹剔透，给世界增添了一份别样的风情。

看到夕阳余晖洒在湖面上 98

夕阳的余晖洒在湖面上，波光粼粼，好似长着金色鳞片的鱼在水中游动，美得令人窒息。

99 看到初春抽芽的柳枝

初春时节，万物复苏，河边抽芽的柳枝随着微风轻轻摆动，向人们传递着春天的讯息。

听到远方传来的悠长钟声 100

宁静的傍晚，远处传来低沉又悠长的钟声，它传遍小城的每一
个角落，仿佛在诉说着岁月的故事。

幸福是无数个

瞬间的总和

✦ 我的幸福手账

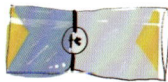

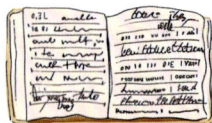

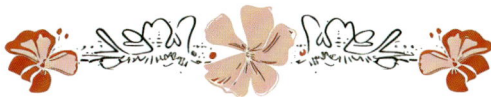

🌿 快乐能量瓶 🌿

写下或画出给你带来快乐的小事或幸福瞬间。
当瓶子被填满时，你会发现：原来平凡生活里
藏着这么多闪光时刻。

快乐能量瓶

快乐能量瓶

快乐能量瓶

快乐能量瓶

快乐能量瓶

快乐能量瓶

快乐能量瓶

快乐能量瓶

快乐能量瓶

快乐能量瓶

快乐能量瓶

快乐能量瓶

快乐能量瓶

快乐能量瓶

快乐能量瓶

快乐能量瓶

快乐能量瓶

快乐能量瓶

快乐能量瓶

快乐能量瓶

快乐能量瓶

快乐能量瓶

快乐能量瓶

快乐能量瓶

快乐能量瓶

快乐能量瓶

快乐能量瓶

快乐能量瓶

快乐能量瓶

快乐能量瓶

快乐能量瓶

快乐能量瓶

快乐能量瓶

快乐能量瓶